¡Mira allí!
¡Lobos!

MARAVILLAS ANIMALES 12

LOS LOBOS

KATE RIGGS

CREATIVE EDUCATION | CREATIVE PAPERBACKS

índice

Publicado por Creative Education y Creative Paperbacks
P.O. Box 227, Mankato, Minnesota 56002
Creative Education y Creative Paperbacks
son marcas editoriales de Creative Company
www.thecreativecompany.us

Diseño de Graham Morgan
Dirección de arte de Blue Design (www.bluedes.com)
Traducción de TRAVOD, www.travod.com

Fotografías de Alaska Stock (John Warden), Dreamstime (Iakov Filimonov, Thomas Barrat)
Getty (Jim and Jamie Dutcher/National Geographic Creative, Jim Brandenburg, Martin Harvey, ZU_09), iStock (antiqueimgnet, stevegeer), Rawpixel (Rijksmuseum), Shutterstock (Eric Isselee, Kochanowski, Nagel Photography), SuperStock (Christian Heinrich/imageBROKER/imageBROKER)

Library of Congress Cataloging-in-Publication Data

Names: Riggs, Kate, author.
Title: Los lobos / by Kate Riggs.
Other titles: Wolves (Marvels). Spanish
Description: Mankato, Minnesota : Creative Education and Creative Paperbacks, [2025] | Series: Maravillas | Includes index. | Audience: Ages 4-7 | Audience: Grades K-1 | Summary: "An engaging introduction to wolves, this beginning reader features eye-catching photographs, humorous captions, and easy-to-read facts about this northern cold climate animal"-- Provided by publisher.
Identifiers: LCCN 2023049123 (print) | LCCN 2023049124 (ebook) | ISBN 9798889891055 (library binding) | ISBN 9781682775288 (paperback) | ISBN 9798889891352 (ebook)
Subjects: LCSH: Wolves--Juvenile literature.
Classification: LCC QL737.C22 R536518 2025 (print) | LCC QL737.C22 (ebook) | DDC 599.773--dc23/eng/20231208

Impreso en China

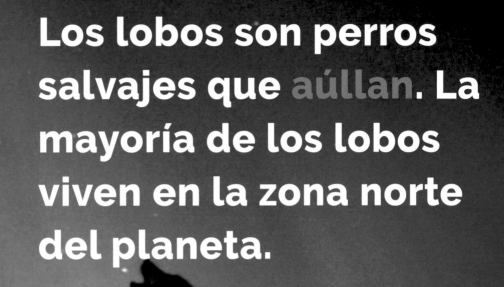

Los lobos son perros salvajes que aúllan. La mayoría de los lobos viven en la zona norte del planeta.

Los lobos grises tienen un pelaje grueso. El pelaje puede ser gris, blanco, negro o marrón.

9

Los lobos rojos tienen el pelaje **más corto. Son más pequeños que los lobos grises.**

PODRÉ SER MÁS PEQUEÑO, PERO SOY MEJOR.

11

Los lobos comen carne. Cazan alces y venados. También comen conejos y peces.

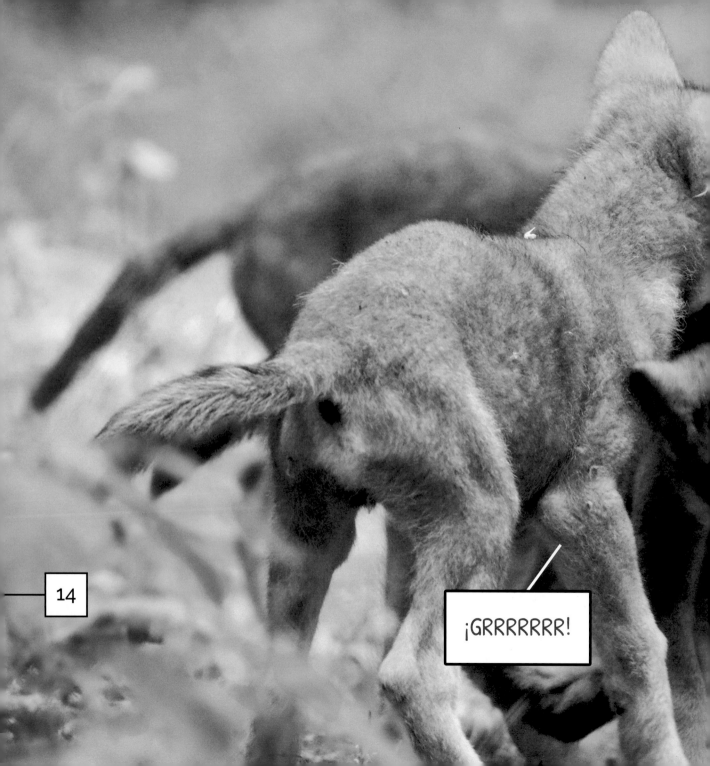

A un lobo bebé se lo conoce como un cachorro. Los cachorros viven con otros lobos en una manada.

15

Los lobos cazan la mayor parte del día. También les gusta jugar y descansar.

¡Adiós,
lobos!

19

[Imagina un lobo]

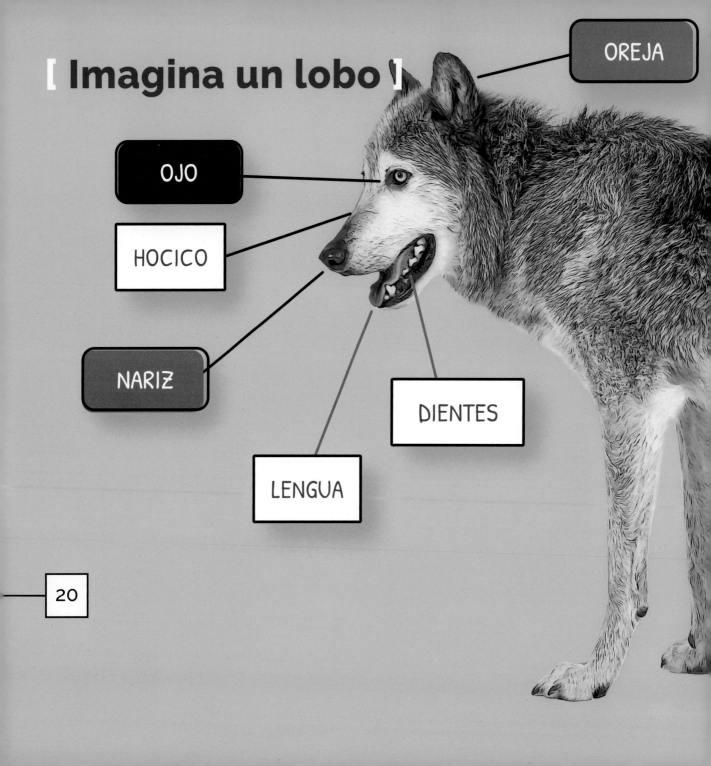

OREJA

OJO

HOCICO

NARIZ

DIENTES

LENGUA

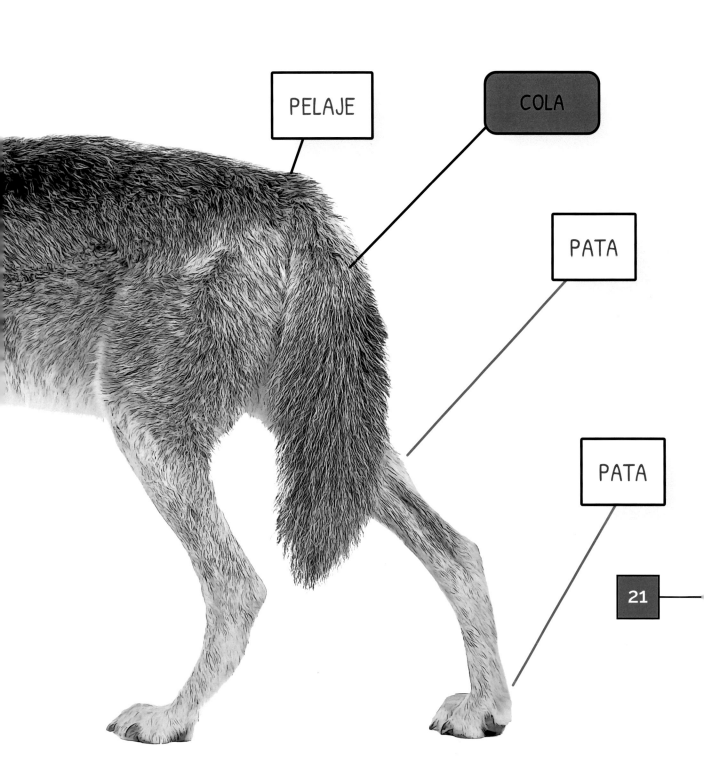

PELAJE

COLA

PATA

PATA

21

PALABRAS QUE DEBES CONOCER

alce: el miembro más grande de la familia de los venados

aullido: un sonido de llanto triste y largo

manada: un grupo de lobos que viven juntos

24

ÍNDICE ALFABÉTICO